Crinkleroot's

森林爷爷自然课

我在森林里出生，靠吃蜂蜜长大

[美] 吉姆·阿诺斯基 著/绘
洪宇 译

人民东方出版传媒
People's Oriental Publishing & Media
東方出版社
The Oriental Press

关于作者

当吉姆·阿诺斯基和妻子及两个女儿住在宾夕法尼亚州的霍克山时，他开始撰写并绘制“森林爷爷克林克洛特自然探索系列故事”。在《我在森林里出生，靠吃蜂蜜长大》出版后不久，阿诺斯基一家搬到了佛蒙特州北部的一座旧农场里。在那里，他主要根据自己在霍克山探险时积累的素描，撰写并绘制了《自然写生》。

1982年，《自然写生》出版，第二年就荣获了美国著名童书大奖——“克里斯托弗奖”，该奖的宗旨是褒扬“那些弘扬人类最高精神价值的作品”。同年，《自然写生》还被评选为“美国图书馆协会最佳童书”。从此，作为一位渊博而热情的自然探索向导，吉姆·阿诺斯基获得了广泛的赞誉和认可。

此后，吉姆·阿诺斯基创作了一系列畅销书，其中《动态的生命》《野生动物观察者的秘密》《水中的苍蝇》《空中的鱼》和《春天的户外素描》等都被评选为“美国图书馆协会最佳童书”。1988年，在美国公共广播公司（PBS）的四集系列片《从自然中汲取灵感》中，他和观众们分享了自己探索大自然的经历。

现在，吉姆·阿诺斯基一边创作“森林爷爷克林克洛特自然探索系列故事”，一边继续享受着在森林里探索漫步的乐趣。

作者序

亲爱的中国小读者们，在这套书里，我想向你们介绍一位老朋友——“森林爷爷”克林克洛特。很多年前，我在大森林深处一间小木屋里生活时，创作了这个人物，希望他成为自然探索向导，引领全世界热爱大自然的孩子们去不断探索。

不管哪个季节，森林爷爷总是精力充沛、精神焕发。他能找到藏在树叶间的秘密，他能读出写在雪地上的故事。而他最开心的，就是跟你们分享这些秘密和故事。

吉姆·阿诺斯基

献给我的迪安娜

你好！我叫克林克洛特，大家都叫我森林爷爷。我在森林里出生，靠吃蜂蜜长大。我会说100多种动植物的语言，还能跟毛毛虫、乌龟和蝾螈聊天！

我住在森林里的最深处，就在那棵最高的大树下。站在家门口，我甚至能感觉到地球在慢慢转动。

春天

春天来了，万物复苏，整个世界再次生机勃勃。看！这个空树干里有一个蜂巢，蜜蜂都苏醒了，工蜂们嗡嗡嗡地出发去寻找第一朵花。在蜂巢里，蜂后正忙着产卵，它是所有雄蜂和工蜂的母亲，个头比它们大得多。

我爬进去看看能不能帮你把它挑出来。

看看你自己能不能在蜂巢里找到蜂后？记住，它的个头比其他蜜蜂大得多。

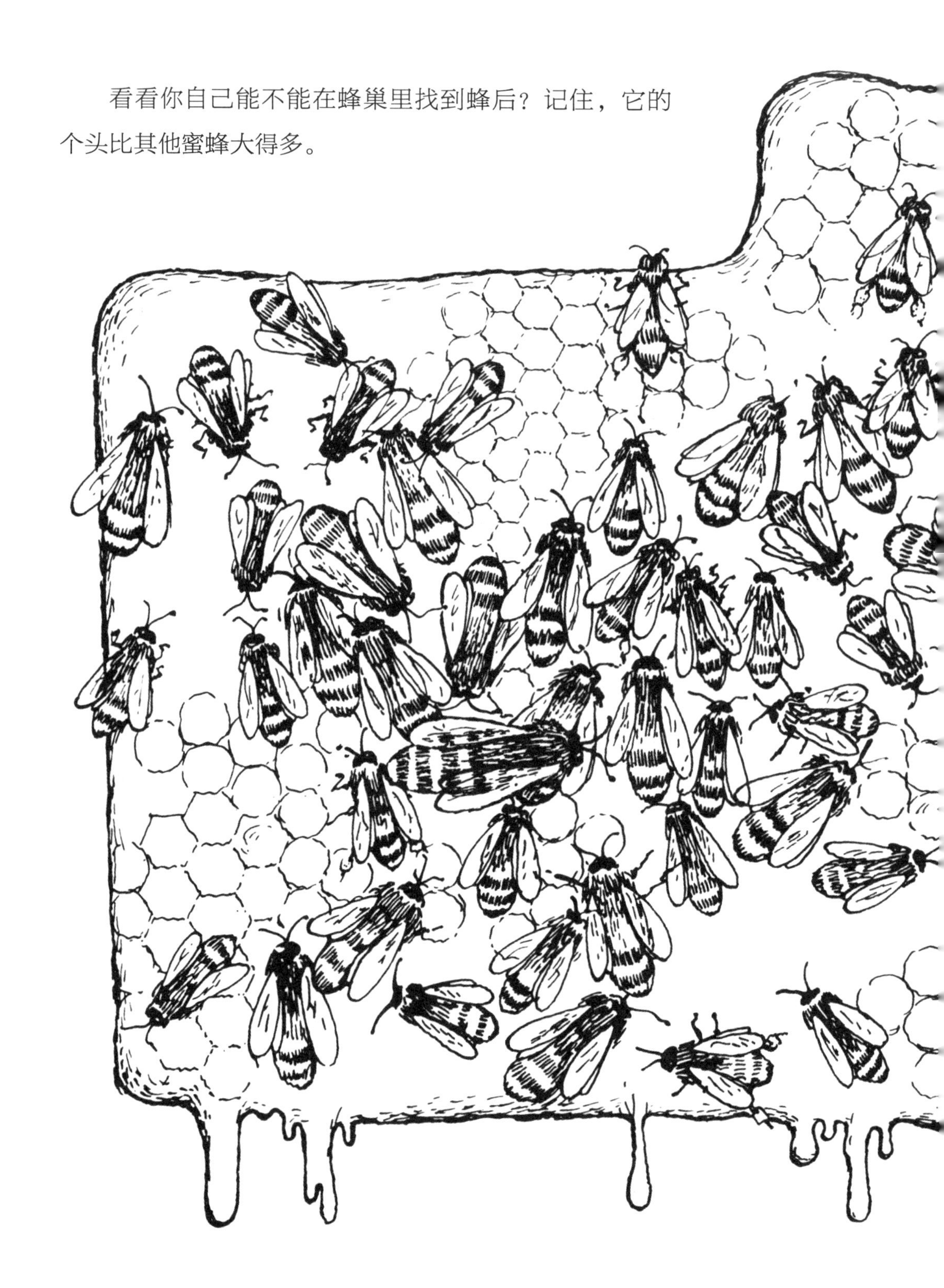

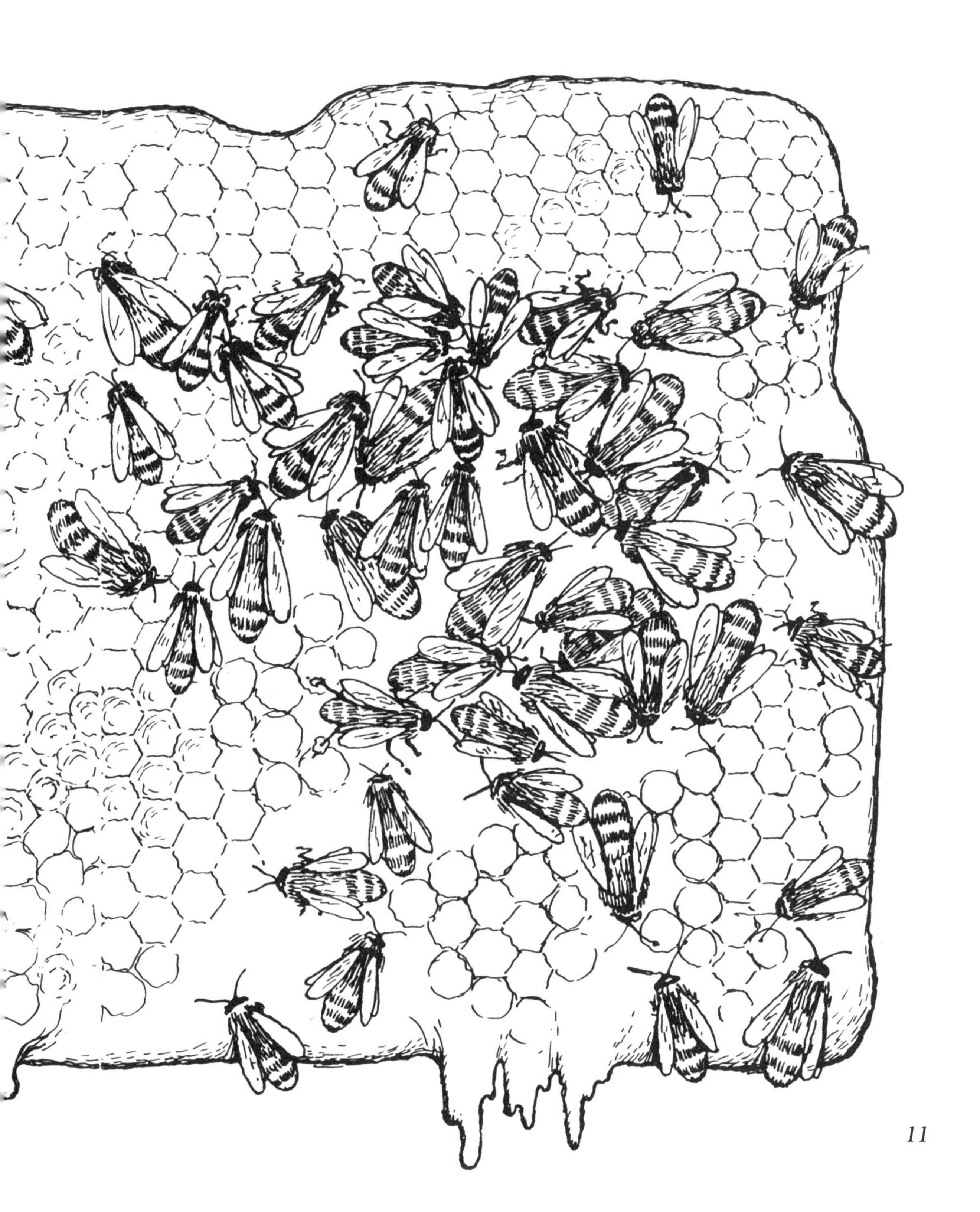

看！这些野花在绿草丛生的土壤中探出头来。

我喜欢记住野花生长的地方，这样就可以在它们盛开的时候过来欣赏。

我从不摘野花，因为我觉得它们长在自己的家园里看起来才漂亮。请记住，动植物在自然环境中才能生长得最好哟。

莫卡辛兰生长在土壤潮湿的沼泽和树林中。之所以给它取这个名字，是因为大家都觉得它的花朵看起来很像莫卡辛印第安人的软皮鞋。

鳟鱼百合生长在阴凉的溪流两岸。

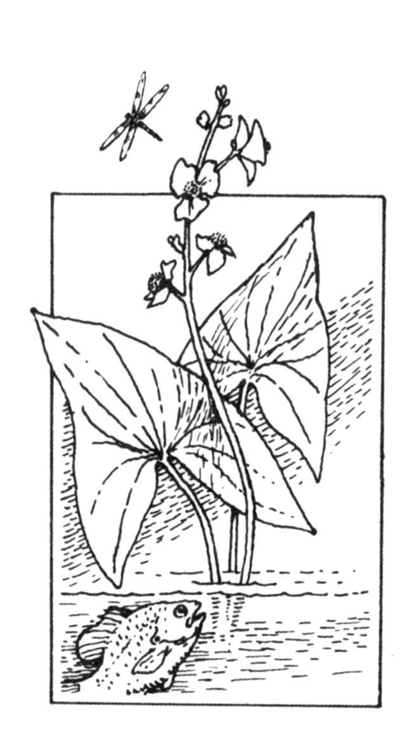

慈姑生长在浅水区。

野生草莓在阳光明媚的灌木丛中长得最好。

新鲜空气的地方。

而我最喜爱的就是能自由伸展双臂、畅快呼吸新鲜空气的地方。

哎呀！找野花找得我都有点儿饿了，我来做点儿爆米花吧！

我最爱吃爆米花了，所以在花园里种了好几株玉米。你知道怎么种玉米吗？我来教教你吧！

花盆里装满泥土。
在土里放一粒玉米种子，盖上保鲜膜，用橡皮筋勒住，放在阳光充足的窗台上。
几天后，玉米种子就萌发了！然后，胚根自己就会钻进泥土里。
大约一个星期后，种子就会开始生根，把自己牢牢地固定住。
然后，新鲜的绿叶就会长出来……
这时，你就要把保鲜膜去掉了，玉米苗的生长，需要足够的空间。

小溪旁是我特别喜欢来的地方。

有时，我在这里钓鱼；有时，只是静静地发呆。一只鹿常常悄悄来这里喝水。在秋高气爽的日子里，我会在这儿聆听树叶落到水面的声音。

小鱼在溪流中游来游去，它们的鳞片有时会在涟漪中闪闪发亮。

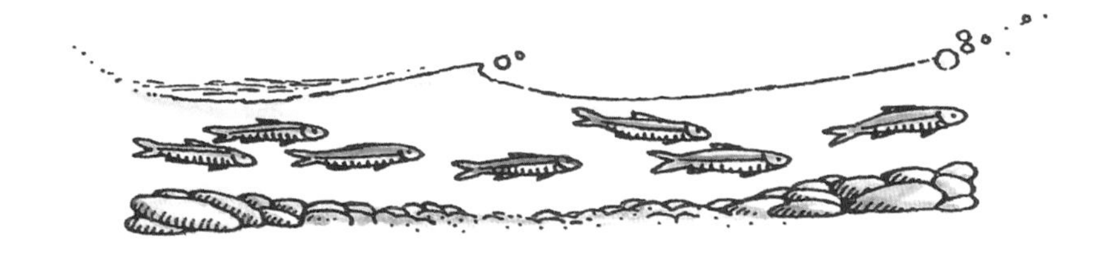

有时，翠鸟会飞过来，落在溪流上方的树枝上，盯着小鱼。

它是来跳水吃大餐的。你能看到水里有多少条小鱼吗？

夏天

森林里的夏天，早晨常常多雾，下午阳光明媚。火鸡蹲在树梢上，身体柔软的蛇在暖乎乎的岩石上晒太阳。一位老伐木工曾经告诉我，有一次，一条好几米长的响尾蛇缠住了他的大胡子！（我猜他是中暑而产生了幻觉，哈哈！）

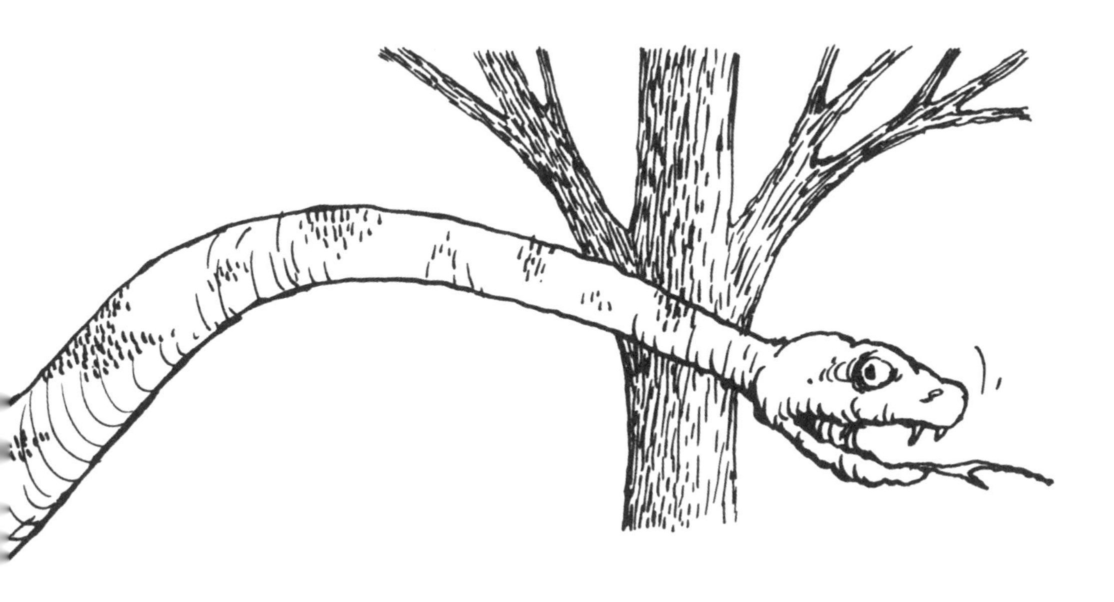

蟾蜍是老练的捕虫高手，它的移动速度比你想象的快得多。蟾蜍捕虫的时候，就像雕像一样静静地蹲着，直到一只昆虫从它的大嘴巴附近飞过。然后，一瞬间，它那黏糊糊的长舌头就把虫子卷走了！随即，蟾蜍又变成了一尊雕像，等待下一个猎物……

我已经观察这只蟾蜍很久了，它可真厉害！小朋友，请你试着辨认一下，它都捉到了哪些虫子呢？

真是个美好的夜晚！在月光下散步的时候，如果你保持安静，就能发现一些森林中最害羞的动物。

现在，聚拢在我身边的都是夜行性动物，它们在白天会找个地方躲起来休息，天黑后才出来活动。

夏天就要过去了，这时，
我开始收集各种树叶。

然后，沿着叶子的边缘，把它们描绘在纸上，再涂上我喜欢的颜色。

接下来，我用细绳把这些纸穿起来。看，一本树叶书就做好了！

你也可以做一本哟！这样，你不仅可以认识各种各样的树叶，还能留下许多美好的回忆。

秋天

秋天是落叶的季节，到处都是缤纷的落叶，
红的、黄的、金黄泛红的，还有棕色的……

秋天不仅是一个色彩丰富的季节，
气息、声音和感受也同样丰富。

我喜欢安静地伫立在秋天的森林里，
闭上双眼，聆听大自然的声音。

嘘……不要作声，只要聆听。你听到了什么？闻到了什么？

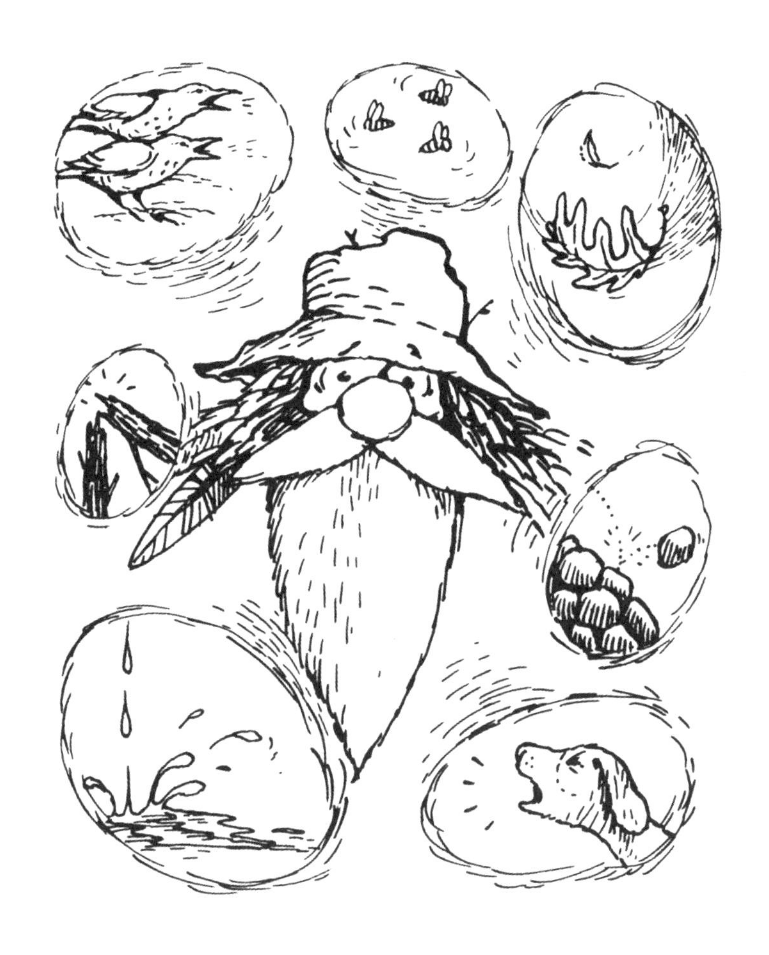

不需要很久，你就能获得很多非凡的感受，那是忙碌的都市人从来都感受不到的。

我正在那里聆听，忽然，一阵“咕咕……呜呜……”的声音传到我的耳畔。

哦，原来是猫头鹰一家！它们很神奇，大大的眼睛不能在眼眶里转动，但脖子非常灵活，可以轻松地看向各个方向。

有一次，我看到一只猫头鹰扇动着大翅膀，悄无声息地扑向一条蛇。蛇拼命逃窜，但最终还是没能逃脱猫头鹰的利爪，被它吃掉了。

每一种生物都是另一种生物的食物。猫头鹰吃蛇，蛇吃青蛙，青蛙吃蜻蜓，蜻蜓吃蝴蝶，蝴蝶吃花蜜，而猫头鹰的粪便和尸体会成为植物的养料。

有些动物是杂食动物，它们不挑食，能吃很多种食物。比如负鼠的食谱就非常广，从蚯蚓到鸟蛋，它都爱吃。下面的图里，藏着很多种负鼠爱吃的动物和植物，请你辨认一下它们的种类吧。

冬天

随着天气变冷，森林里的食物越来越难找了。老鼠打洞钻进我温暖的小木屋里。浣熊每天晚上都会来翻我的垃圾桶。

为了寻找食物，鹿要在森林里跋涉很远。我在喂鸟器里装满了松脆的种子，希望小鸟们不会饿肚子。

喂鸟器很容易制作，我最喜欢用牛奶盒来做。需要的材料是三个牛奶盒、一根细树枝（大约45厘米长）、剪刀、胶水、绳子和棕色的油漆。

在完整牛奶盒的下部，左右两边剪出两个洞口，再把两个底盘用胶水粘在洞口下面。
一个底盘粘在这里。
另一个粘在这边。
等胶水干了，刷上棕色油漆。
等油漆干了，在牛奶盒顶端戳一个挂绳用的洞，再在牛奶盒的两侧各戳一个洞，将细树枝穿过去。
洞
装满种子，挂到树上，大功告成啦！

每年第一场冬雪后的早晨，我都会早早起床，大概一年中只有这一天我比鸟儿起得还早。因为我迫不及待地想去看看，昨晚有哪些动物跑出来在附近活动。

雪地上的动物踪迹充满了有趣的细节。现在，我们就去小木屋周边察看一番，猜一猜昨晚发生了什么故事。

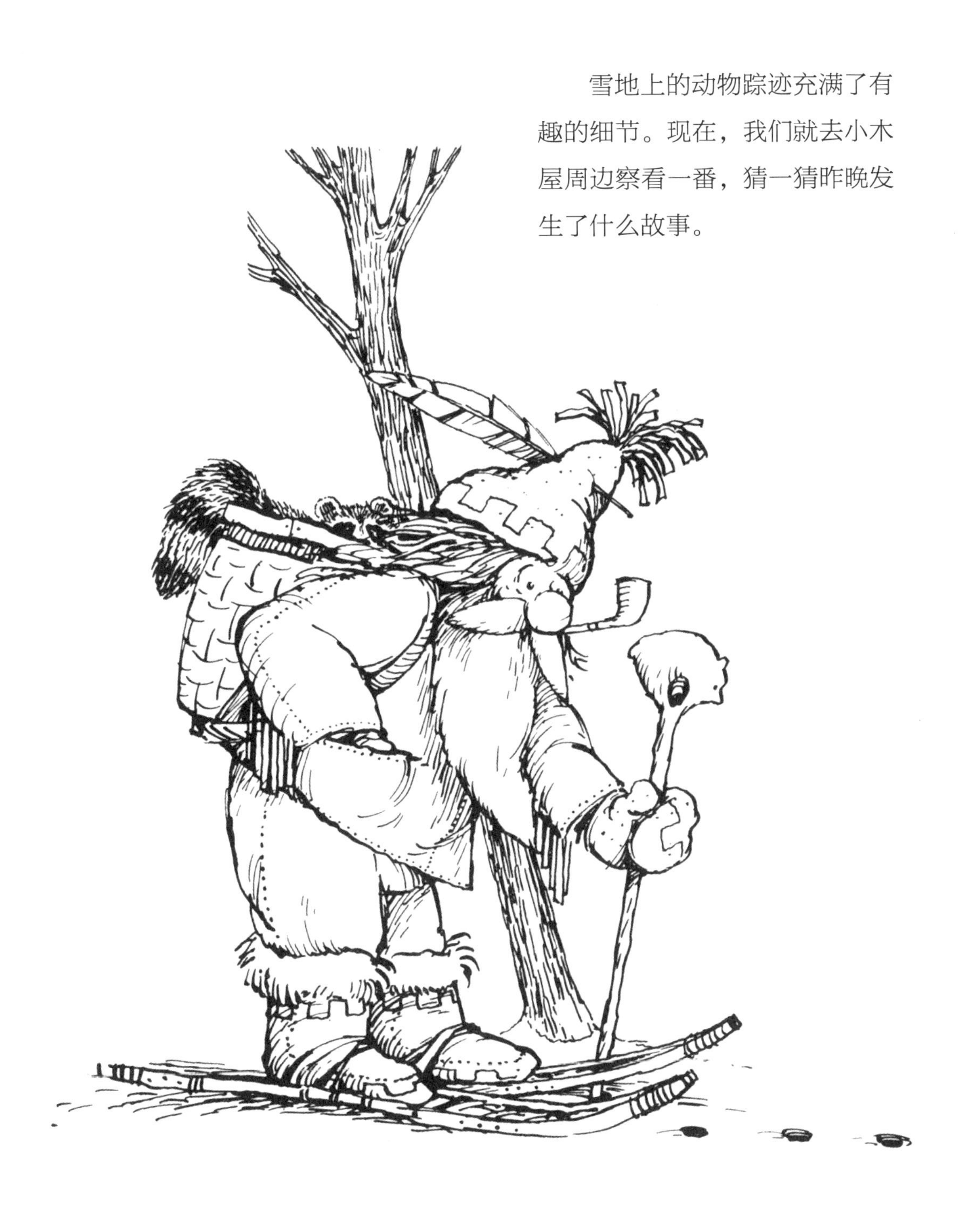

兔子
兔子在奔跑
狐狸
浣熊
老鼠

猫头鹰
猫头鹰俯冲下来
翅膀的痕迹
鹿
熊

今天早晨，我在雪后的森林里走得更远了一点儿，遇到了一群野火鸡。它们羽毛的颜色和树木太像了，我差点儿就没发现它们。你能看到森林里藏着多少只野火鸡吗？

在寒冷的冬天，很多动物仍会坚持四处活动。而有些动物，比如蛇和土拨鼠，则会找个安全的地方睡觉，一直睡到第二年春天，这就叫冬眠。

在我的小木屋下面的土地里，就有一些动物在冬眠，请仔细看看有哪些动物呢？

在这个寒冷的冬夜，我好欣慰，自己有一间小木屋和一座温暖的火炉。四季的轮替，永不停止。过不了多久，我就能再次闻到春天的气息了。

现在，我要在火炉边舒舒服服地躺下来，开始我的一小段“冬眠”。

记住，大自然里充满了优美的画面，枝叶间和溪流旁藏着无数的秘密，雪地上写着很多故事。只要你用心去观察、去聆听、去品味，有一天，你也能成为像我一样的自然探索向导，你也能听懂毛毛虫、乌龟和蝾螈的语言！

森林爷爷克林克洛特

图书在版编目（CIP）数据

森林爷爷自然课．我在森林里出生，靠吃蜂蜜长大／（美）吉姆·阿诺斯基著绘；
洪宇译．—北京：东方出版社，2021.11
ISBN 978-7-5207-2093-9

Ⅰ．①森… Ⅱ．①吉… ②洪… Ⅲ．①自然科学－儿童读物②蜂蜜－儿童读物
Ⅳ．① N49 ② S896.1-49

中国版本图书馆 CIP 数据核字（2021）第 041765 号

森林爷爷自然课（全 12 册）
（SENLIN YEYE ZIRAN KE）

著　　绘：[美]吉姆·阿诺斯基
译　　者：洪　宇
策 划 人：张　旭
责任编辑：丁胜杰
产品经理：丁胜杰
出　　版：东方出版社
发　　行：人民东方出版传媒有限公司
地　　址：北京市西城区北三环中路 6 号
邮　　编：100120
印　　刷：鸿博昊天科技有限公司
版　　次：2021 年 11 月第 1 版
印　　次：2021 年 11 月第 1 次印刷
印　　数：1—10000 册
开　　本：650 毫米 ×1000 毫米　1/12
印　　张：44
字　　数：420 千字
书　　号：ISBN 978-7-5207-2093-9
定　　价：238.00 元
发行电话：（010）85924663　85924644　85924641